孝經傳說圖解

黃香扇枕

雲豫堂

黃香。舉孝廉。為郡五官。貧無奴僕。香躬執勤苦。盡心供養。冬無被袴。而親極滋味。暑即扇枕。寒即以身溫席。元和元年。肅宗詔香詣東觀。讀所未嘗見書。後帝會中山邸。乃詔香殿下。顧謂諸王曰。此天下無雙。江夏黃童也。左右莫不改觀。累遷尚書令。管樞機。每郡國疑罪。輒務求輕科。在位多所薦達。寵遇甚盛。後漢書

秀水吳培捐刻

吳孟飼蚊

雲豫堂

秀水吳培捐刻

惠

吳真君。名猛。字世雲。家於豫章武寧。七歲。以孝聞。夏卧不驅蚊蚋。恐去而噬親也。及長。事南海太守鮑靖。因語至道。後于西平。乘白鹿寶車。冲虛而去。十二真君傳

孝經傳說圖解

李密愛日

雲豫堂

秀水蕭瀚捐刻

李密字令伯祖父光朱提太守父早亡母何氏更適人密見養于祖母治春秋左氏傳博覽多所通涉事祖母以孝聞仕蜀奉使聘吳吳主與羣臣汎論道義謂寧為人弟密曰願為人兄吳主曰何以為兄密曰為兄供養之日長吳主及羣臣皆稱善晉武帝立太子徵為洗馬詔書累下郡縣偪遣密上陳情表武帝覽之曰密不空有名也嘉其誠款賜奴婢二人下郡縣供養其祖母奉膳 晉書

為

孝經傳說圖解

仁傑瞻雲

雲豫堂

秀水蕭瀚捐刻

范仲淹曰。狄公仁傑。為子極于孝。為臣極于忠。公嘗赴并州。過太行山。反瞻河陽見白雲孤飛曰吾親在其下。久而不能去。左右為之感動。詩有陟岵陟屺。君子于役。弗忘其親。此公之謂與。吁嗟乎。孝之至也。忠之所由生乎。名臣錄

為

魏旭瘴鄉

嘉興張元溢捐刻

查魏旭字次谷桐鄉學生中康熙癸酉副榜父繼甲為廣西隆安令卒於任值吳逆之亂道路隔絕踰二載訃始聞魏旭號泣即日隻身就道跽母前訣別曰兒去萬里出入兵間得達父櫬所萬幸能扶櫬歸尤萬幸否則流落瘴鄉守死父櫬旁固所甘心母侍奉有兄弟在勿以兒為念遂行及漢陽遇賊掠擄楚無完膚又經全州寒水橋失足墮河若有扶之者浮髮水面遂遇救得不死又一夕行永州慕古山中時昏黑草木蒙雜不辨徑聞狼嗥虎嘯聲信足奔屢蹶屢

[illegible]

殞絕踰時始甦。顧無從作歸計。傍徨歲餘。乃齧指血書詞。日哀籲道旁。見者咸曰。此故賢令子也。稍得賻助。遂扶櫬崎嶇以歸。歸後疾作。臥床席。不能興。凡三年。乃復。其後卒。命子必祔葬我先塋之側。庶與我父母朝夕相依也。公舉事實

嘉興張元溢梢刻

雅

孝經傳說圖解

董黯慈溪

雲豫堂

董黯字叔達。句章人。江都相仲舒六世孫。居漵湖之涘。少孤。力學。事母黄氏惟謹。母恙。思大隱溪水。溪遠莫能致。黯築室溪濵。板輿就養。疾瘳。乃歸。後斸土塙居傍。進以奉母。泉味如大隱。僉謂孝感所致。比隣王寄甚富。縱酒無行。其母與董母相善。謂董母曰。我衣食頗足。而瘠且弱。汝不我若。而肥且健。何也。曰。我雖貧黯孝。心常泰而健耳。王母歸。以喻其子。冀其有所悔悟。而寄反懷忿。伺黯出。遂毆董母。黯還。而母卧床不知所為。跪而言曰。黯不孝。貽母之憂乎。曰。非也。我失

嘉興張元溢捐刻

廬于墓側。思復大懟。以寄母在。未忍。枕戈不言。俟其母卒。且終三年喪。手刃寄首。祭於母墓。自囚以告有司。有司以爲抱義而行仁。復讐而全法。事聞。和帝嘉其異行。遣考功郎邱霖賚詔釋專殺罪。名拜爲諫議大夫。累徵不就。年八十終。勅封孝子。命即故居立祠靈應廟西。贈慈母賢淑夫人。由是以慈名溪。以溪署縣云。純德錄

嘉興張元溢捐刻

雅

孝經傳説圖解

景文風雹

雲豫堂

嘉興張元濟捐刻

鑑

金景文。字唐佐。蘭溪人。祖父患噎。醫不療。景文雕飾佛像。虔禱即瘳。父患疽。祈以身代。父疾減。瘞母廬其左。天光射墓。五色爛然。續廬父墳。食蔬誦梵。鳥鼠環聽几旁。無怖狀。風雹環四隣。獨不入其舍。淳熙間。郡守韓元吉。以純孝名其鄉。 純孝鄉錄

孝經傳說圖解

湯霖氷澌

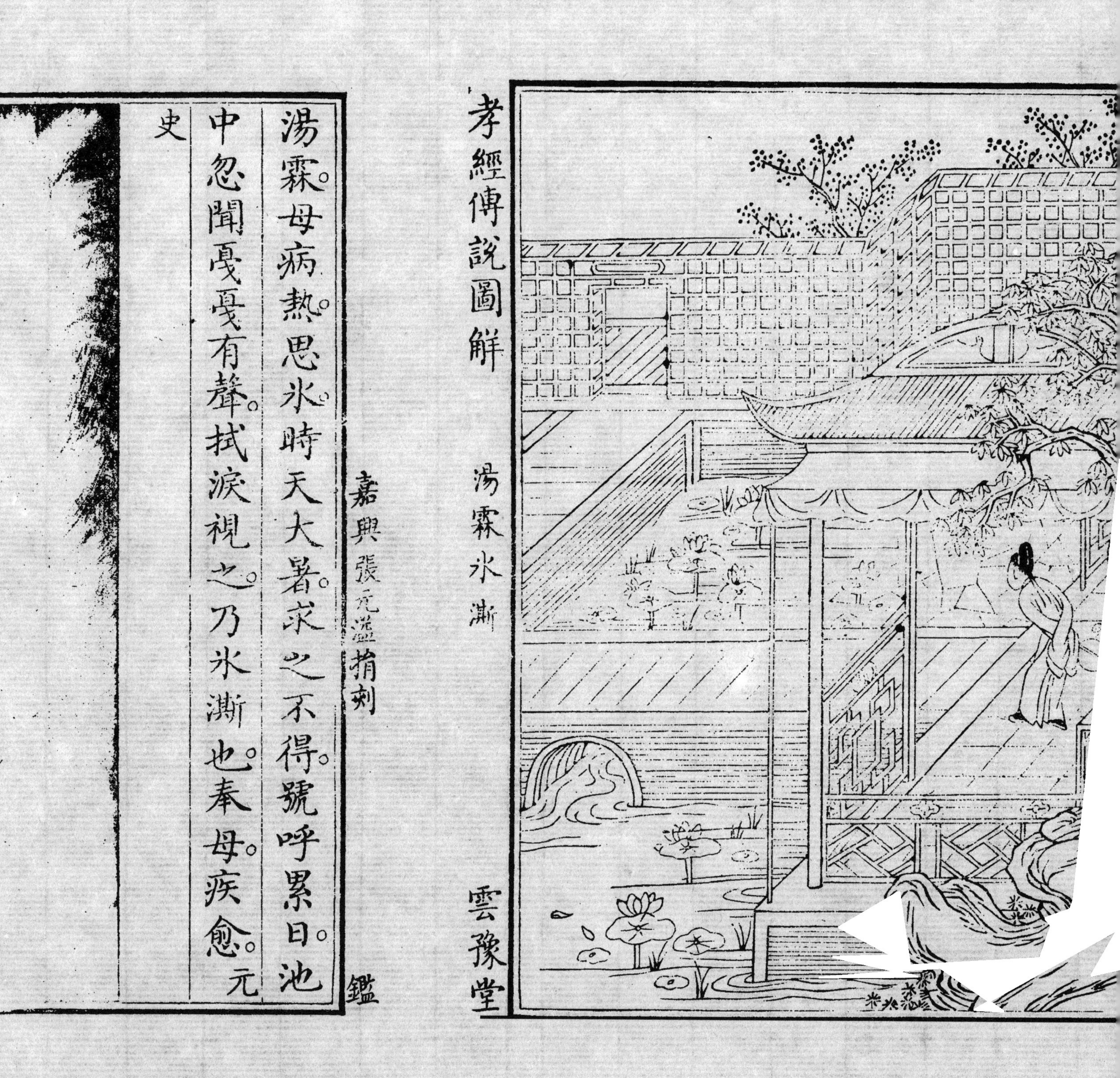

雲豫堂

嘉興張元溢捐刻

鑑

湯霖。母病熱。思氷。時天大暑。求之不得。號呼累日。池中忽聞戞戞有聲。拭淚視之。乃氷澌也。奉母疾愈。元史

孝經傳說圖解

僧孺冬李

雲豫堂

嘉興李萬選捐刻

能

王僧孺年五歲有饋其父冬李先以一與之僧孺不受曰大人未見豈容先嘗初讀孝經問授者此書曰何所述曰論忠孝二事僧孺曰若爾願嘗學之及長工屬文善楷隸多識古事傭書養母天監初爲南海太守南海俗殺牛曾無限忌僧孺至便禁斷視事二歲徵還拜中書侍郎俄兼御史中丞僧孺幼貧其母鬻紗布以自業嘗攜僧孺至市道遇中丞鹵簿驅迫墜溝中及是拜日引騶清道悲感不自勝 南史

孝經傳說圖解

惟宏雪梨

雲豫堂

嘉興李萬選捐刻

能

胡惟宏。字大生。會稽人。父患痼疾。雪夜思食梨。惟宏遍求野外不得。欲入城而門已閉。遶城號泣。忽有一軍士。指負堞一舍。引之至。得梨以歸。詰旦往謝。堞下不復有舍。惟武帝祠在焉。始悟為神使。公舉事實

孝經傳說圖解

步行沽酒

雲豫堂

嘉興朱志鴻捐刻

端

明李步行。賣菜傭也。幼失恃。每每傷悼。父嗜酒。步行鬻菜。必沽酒歸飲父。又間送時物。身無完衣。而父便身之物嘗給。里中有不順之子。父母諭之曰。何不學步行。

百孝圖

孝經傳説圖解　茅容殺雞　雲豫堂

嘉興朱志鴻捐刻　端

茅容。耕於野。避雨樹下。衆皆夷踞相對。容獨危坐愈恭。林宗見而奇之。與言。因請寓宿。既旦。容殺雞為饌。林宗謂為已設。既而以供其母。自以菜蔬共客同飯。林宗起拜曰。卿賢乎哉。

郭林宗傳

孝經傳說圖解

何倫炊釜

雲豫堂

何倫。字宗道。江山人。天性至孝。事母毛氏尤謹。家雖貧。甘旨不缺。一日。母失雞。陽為尋覓。陰求其似者以進。家貧失學。年二十七。始發憤讀書。初從陽明先生學。既從王心齋王龍溪諸公遊。晚復拜甘泉先生于南都。及歸。充然如有得。一夜。盜入其室竊器物而出。倫覺其人而不呼。將取釜。始言曰。盍留此以備我母晨炊。盜赧然盡還其器。發聲曰。盜孝子物不祥。自是其人。亦不復為盜。浙江通志

嘉興朱志鴻猶刻

孝經傳說圖解

梁祚樓梯

雲豫堂

嘉興朱志鴻捐刻

卷

梁祚。景寧人。母終未葬。成化間。洪水暴至。衆競挈資具以避。祚獨念母櫬未舉。號泣徒跣。躬往攀扶。漸水深不可立。顛踣幾沉沒者数四。祚盡力以必濟為期既而水勢盤旋。若有推而助之。漸入堂奥。得一楼梯為圄。乃號于人曰。母櫬可以無慮矣。既而檢其家具所漂失者。亦甚無幾。衆咸異之。潘琴孝感記

覺經尋親

雲豫堂

黃覺經。南城人也。五歲。因亂失母。稍長。誓天求母所在。乃瀕漢渡江涉淮。行乞往來。備歷艱苦。凡三十八年。至汝州梁縣得之。負母而歸。元史

嘉興朱志鴻捐刻　型

孝經傳說圖觧

迴秀出妻

雲豫堂

嘉興朱志鴻揹刻

型

迴秀。母少、賤。妻常詈媵婢。母聞不樂。迴秀即出其妻。

或問之。荅曰。娶婦所以事姑。茍違顏色。何可留。唐書

鄭濂二馬

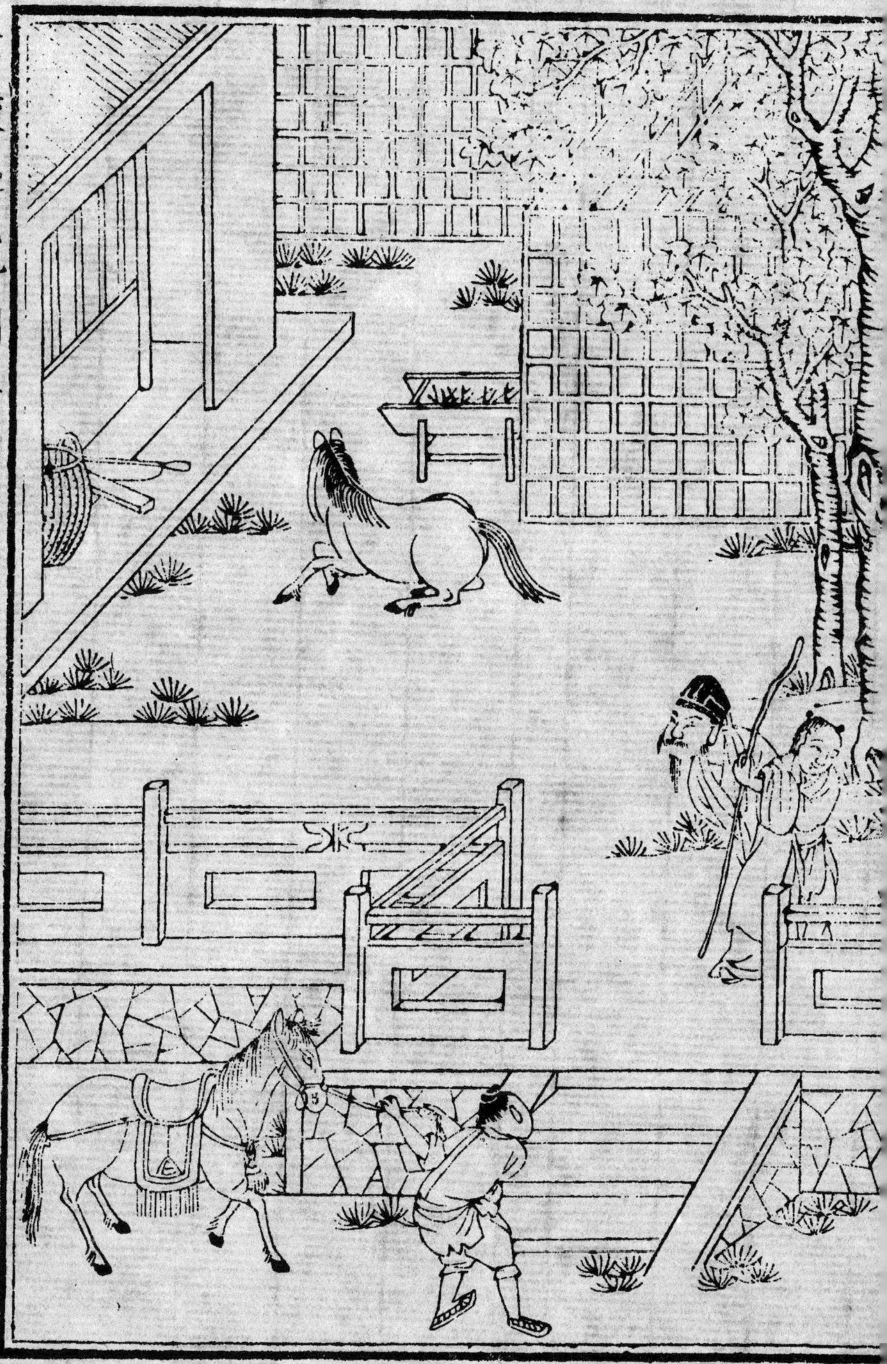

雲豫堂

嘉興朱志鴻捐刻

情

明鄭濂浦江人。其家十世無異爨。教子孫以孝。食指至千餘人。士農工賈各有所司。諸婦惟事女紅。不與家政。人人孝謹。執親喪哀毀。三年不御酒肉。家畜兩馬。出則一不食。其所感如此。明孝友傳

孝經傳說圖解

省華三兒

雲豫堂

嘉興朱志鴻捐刺

情

宋陳省華三兒。堯叟堯佐堯咨。皆進士及第。省華與燕國夫人馮氏。俱康寧。堯叟知樞密。次子直史館。少子知制誥。每對客。命三子侍立。客不自安。省華曰。學生侍立常也。士大夫以為榮。澠水燕談

孝經傳說圖解

君錫雜立

雲豫堂

嘉興朱志鴻捐刻

敬

趙君錫。登進士第。以親故不願仕。父良規。每出。必扶
植上下。雜立僕御中。嘗從謁文彥博。彥博異其容止。
問而知之。語諸子令視以爲法。宋史

鮑出獨追

雲豫堂

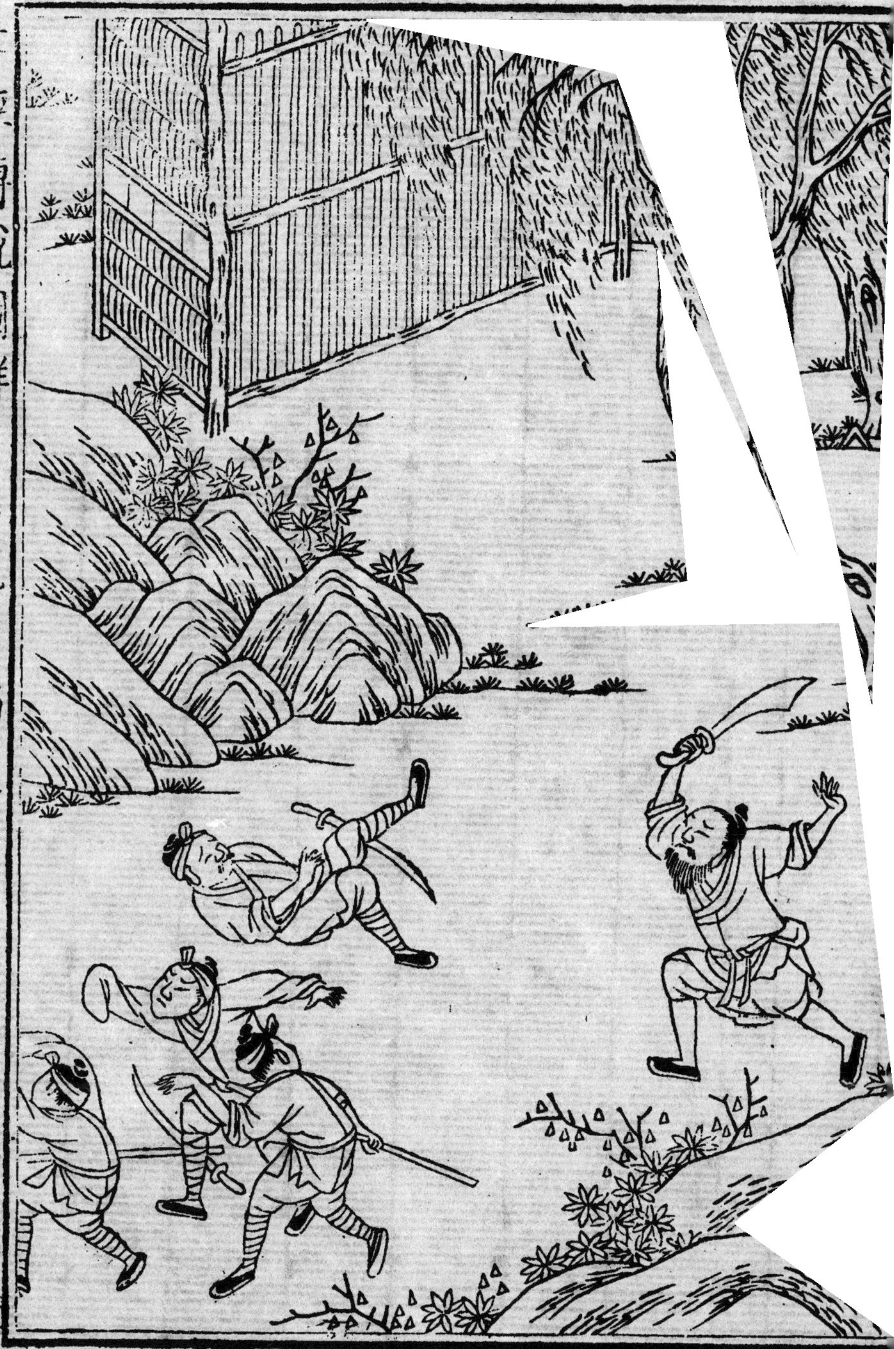

嘉興朱志鴻捐刻

歙

三國鮑出。字文才。京兆新豐人也。少游俠。與平中。三輔亂。出與老母兄弟五人。家居本縣。以饑餓。留其母守舍。相將行採蓬實。合得數升。使其二兄初。及其弟成。持歸為母所食。獨與小弟在後採蓬。初等到家。而噉人賊數十人。已掠其母。以繩貫其手掌驅去。初等怖恐。不敢追逐。須臾。出從後到。知母為賊所掠。欲追賊。兄弟皆云賊衆。當如何。出怒曰。有母而使賊貫其手。將去煑噉之。用活何為。乃攘臂結衽。獨追之。行數里及賊。賊望見出。乃共布列待之。出到。回從一頭斫

賊四五人賊亦從人騎圍出出跳越圍斫之殺十

餘人。時賊分布。驅出母前去。賊連擊出不勝。乃走與

前輩合出復追擊之。還見其母與比舍嫗同貫相連。

出遂復奮擊賊賊問出曰。鄉欲何爲出責數賊指其

母以示之。賊乃解還出母。比舍嫗獨不解。遥望出求

哀。出復斫賊。賊謂出曰。已還卿母。何爲不止。出又指

求哀嫗曰。此我嫂也。賊復解還之。出得母還。遂相扶

侍。客南陽。建安五年。関中始開。出來北歸。而其母不

能步行。兄弟欲共輿之。出以輿車歷山險危。不如負

之安穩。乃以籠盛其母。獨自負之。到鄉里。鄉里士大

夫嘉其孝烈。欲薦州郡。郡辟名出。出曰。田民不堪冠

帶。至青龍中。母年百餘歲乃終。出時年七十餘。行喪

如禮。年八九十。才若五六十者。三國志

嘉興朱志鴻捐刻　敬

孝經傳說圖解

董永織女

雲豫堂

桐鄉朱維城捐刻

義

董永。東漢末。家貧。傭耕以養其父。父歿。貸錢于里之富人裴氏。許身為奴。以償所貸。得錢五千營瘞葬畢。忽道遇一婦人。求為永妻。永與俱詣錢主。遂織絹于裴氏。織三百縑以償。一月而畢。辭永去。乃曰。我天之織女。緣君至孝。天帝令我助君償債。言訖凌空而去。

搜神記

孝經傳說圖解

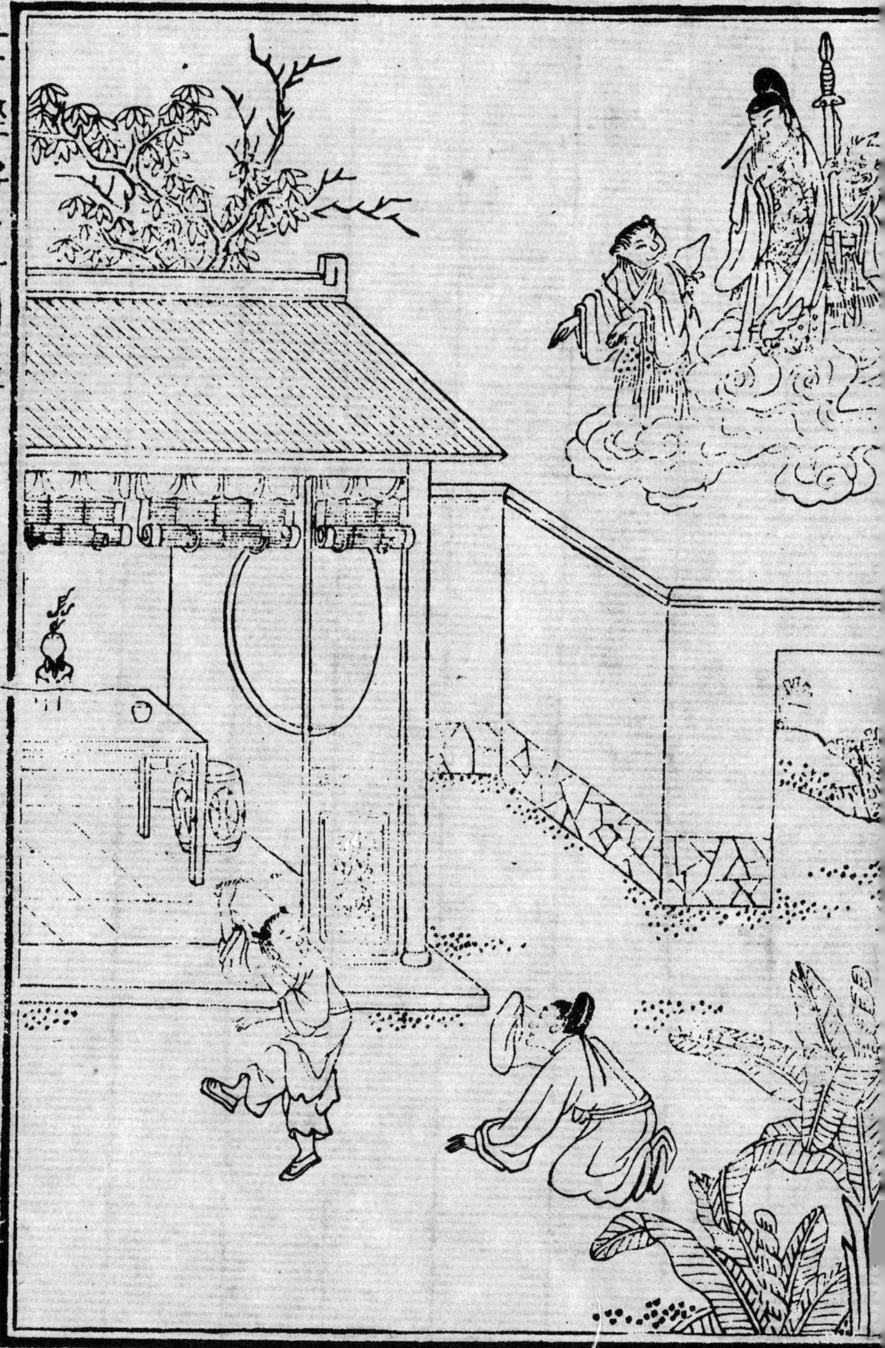

明元天醫

雲豫堂

桐鄉朱維城指刺　義

陶明元。母病心痛。醫莫能愈。明元禱于神將割一臠為湯劑。引刀欲下。忽有隣童自外躍入。叱曰。母自損。我天醫也。明元伏地乞哀。童子取案上筆書十數字於几面。擲筆仆地。視其書。醫方也。隣兒醒。叩之無所知。遂如其方治之。母終身痛不再舉。輟耕錄

孝經傳說圖解

仁鎬松櫝

雲豫堂

嘉興唐秉義捐刻

宋王仁鎬。拜節度使。省父祖之墓。周視松櫝。涕泗嗚咽。謂所親曰。仲由以為不如負米之樂。信矣。宋書

孝經傳說圖解

夏侯桑枝

雲豫堂

漢夏侯訢。侍母疾。衣不解帶者數年。一日。忽夢其父告之曰。天帝憐汝至孝。賜以仙藥在室後桑枝上。訢驚起往視。果得藥。進之。母病立愈。人物志

嘉興唐秉義捐刻

雍

孝經傳説圖解

得成土馬

雲豫堂

嘉興唐秉義捐刻

明李得成。父早喪。元末隨母避兵抵拒馬河。追者及之。母度不得脫。因投河死。得成年纔十三。居常痛母及父。既長。立像摶土為馬。與其妻銜勒負鞍。朝夕立側。若俟母出水而乘之。方冬月。河冰甚厚。得成夢母與語。曰我處水下寒甚。覺而大慟。與妻膝行至河濱。裸而卧冰上。妻亦跣叩卧所。七日冰忽解。母恍惚若有見。洪武中舉孝廉。官尚寶司丞。明史稿

蕭放慈烏

雲豫堂

嘉興唐秉義捐刻

蕭放。清河郡公蕭祇子也。字希逸。隨祇至鄴。祇卒。放居喪。以孝聞。所居廬室前有二慈烏来集。各據一樹為巢。自午以前。馴庭飲啄。午後更不下樹。每臨時。舒翅悲鳴。全似哀泣。時以為至孝之感。服闋。待詔文林館。放性好文詠。頗善丹青。被眷待。累遷太子中庶子。散騎常侍。北史魏書

孝經傳說圖解

文奎高阜

雲豫堂

嘉興唐秉義摹刻

胡文奎。餘杭人。少失怙。奉母甚孝。萬歷戊午。夏。山水突至。屋隨漂。折。正遑遽。間。見堆阜有桑株。即奉母緣置其上。婦提幼子呼救。奎曰。我但能救母。不能救若等矣。婦子皆溺。而母獲免于難。 餘杭縣前志

孝經傳說圖解

光祚坦途

雲豫堂

孫光祚。仁和國學生。年弱冠。隨父客趙代間。遭流寇剽掠。父受重傷。光祚號泣抱持。賊憐之捨去。父歿。哀毀過禮。母性方嚴。小失意。光祚與妻長跪以請。垂老不少懈。母病。延醫艮山門外。醫以除夕不赴。光祚詣請。徑路傾欹。屐齒屢折。母病愈。遂捐金修砌十里之內。竟成坦途。後葬親穿壙。見舊穴。急封掩改穴以避。術家以改處多石為慮。不聽。發土果得石。石盡則穴在焉。人以為孝義所感。公舉事實

嘉興唐秉義捐刻

功

孝經傳說圖解

木蘭代父

雲豫堂

嘉興賈錦捐刻

務

古孝女木蘭。商邱人也。父病不能從軍。為有司所苦。木蘭易男服。挺身而出。代父戍邊十二年。雖同戍者。亦不知其女也。於風月之下。賦戍邊詩若干首。傳於世。獨異志

孝經傳說圖解

唐母乳姑

雲豫堂

嘉興賈錦楫刻

務

唐崔璵傳。諸崔自咸通後。有名歴臺閣藩鎮者。数十人。天下推士族之冠。始其曾王母長孫夫人。春秋高無齒。祖母唐事姑孝。每旦乳姑。一日病。召長幼言。我無以報婦。願後子孫。皆若爾孝。世謂崔氏昌大有所本云。唐書

孝經傳說圖解

明三殺虎

雲豫堂

秀水殷鳳翽捎刻

性

石明三。與母居餘姚山中。一日自外歸。覔母不見。見壁穿。而卧內有三虎子。知母為虎所害。乃盡殺虎子。礪巨斧。立壁側。伺母虎至。斫其腦。裂而死。復往倚巖石傍。執斧伺候。斫殺牡虎。明三亦立死不仆。張目如生。所執斧牢不可拔。元史

高珣暖狐

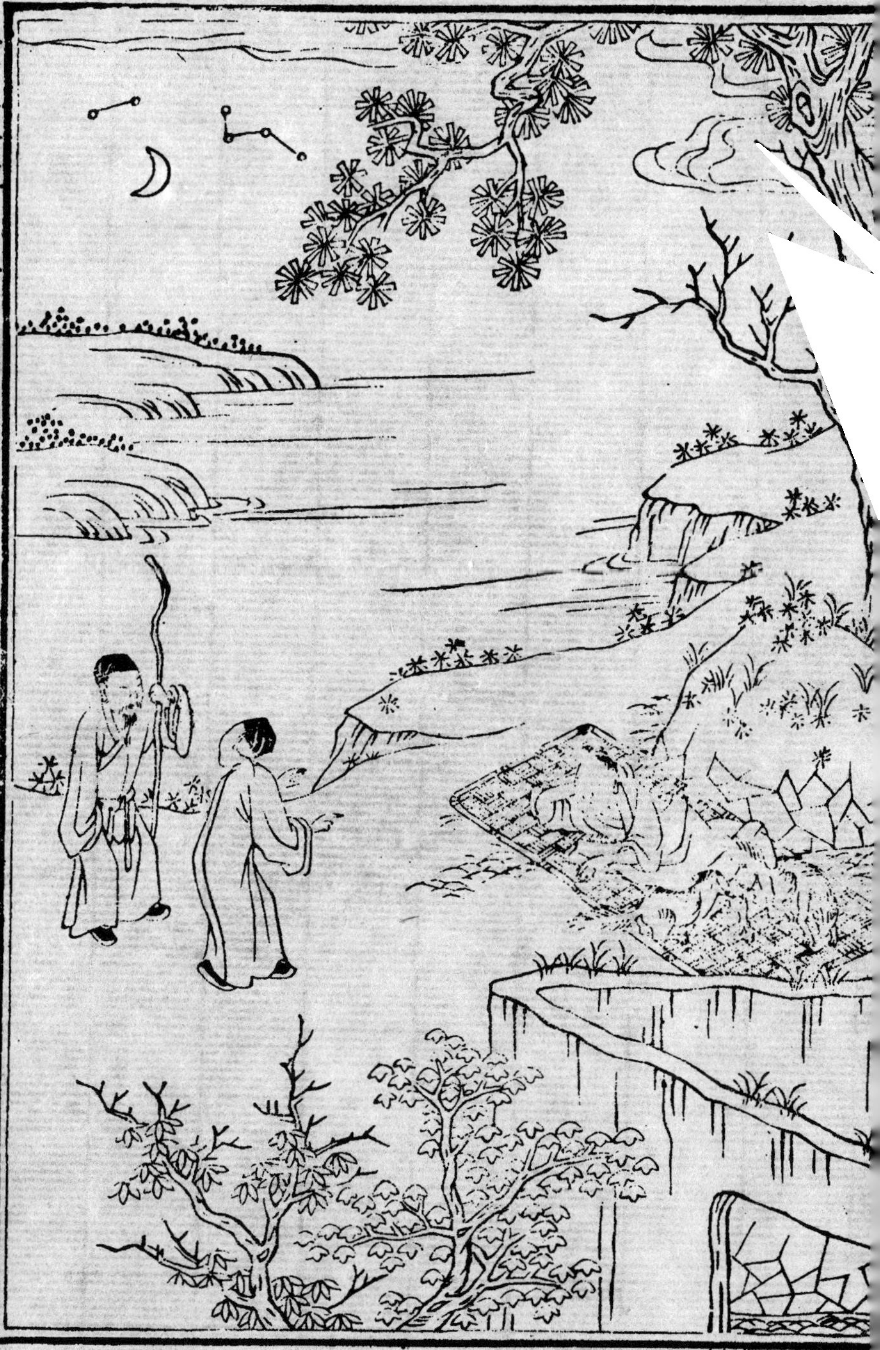

秀水殷鳳翽捐刻

高珣。農家子。早孤。行傭以供母。母卒葬刑塘下。每夕往墓所。措苫薄以卧。四無墻壁。當沍寒時。有物夜来暖珣足。珣初意其為猫。或以告人。人咨窺之。始知為狐。士大夫多為詩歌以傳之。山陰縣志

孝經傳說圖解

廣寒牖北

雲豫堂

嘉興朱逵吉捐刻 澤

龍廣寒事母孝六月一日其母壽誕初啟北牖舉壽觴忽梅花一枝入牖香色絕佳人以孝梅稱之士大夫各贈以詩惟張菊存一篇最可膾炙人口曰南風吹南枝一白點萬綠歲寒誰知心孟宗林下竹廣寒常行服氣導引法至治初年百有八歲猶童顏綠髮云稗史

裴俠桑東

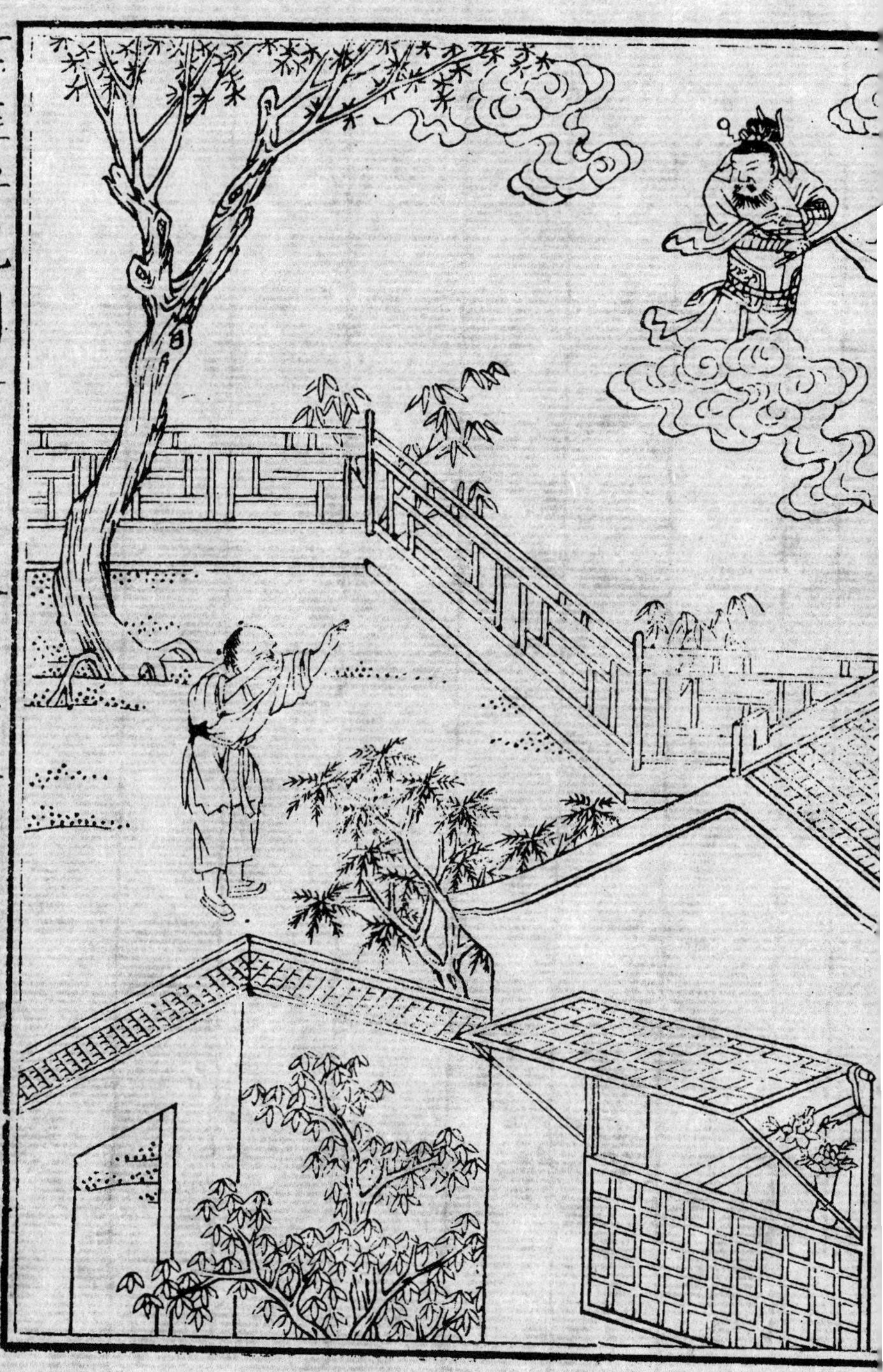

雲豫堂

嘉興朱黼揃刻

裴俠。年十三遭父喪。哀毀若成人。將擇葬地。空中有人曰。童子何悲。葬于桑東。封公侯。俠宅側有大桑林。曰葬焉。周書

澤

孝經傳說圖解

孫期壟畔

雲豫堂

嘉興朱衡捐刻

復

孫期。字仲彧。濟陰成武人。少為諸生。習京氏易。古文尚書。家貧。事母至孝。牧豕於大澤中。以奉養焉。遠方從學者。執經壟畔以追之。黄巾賊起。相約不犯孫先生舍。郡舉方正。遣吏齎羊酒請期。期驅豕入草不顧。

後漢書

孝經傳說圖解

劉平澤中

雲豫堂

嘉興車生蓉捎刻

後

後漢劉平。彭城人。平弟仲為賊所殺。其後賊復至。平扶侍其母。奔走逃難。抱仲女而棄其子。母欲還取之。平不聽。曰。力不能兩活。仲不可以絕類。遂去不顧。與母俱匿野澤中。出求食。逢賊將烹。平叩頭曰。今旦為老母求菜。願得先歸食母。畢還就死。賊見其誠。遣之。平還。既食母訖。遂詣賊。衆皆大驚。相謂曰。嘗聞烈士。乃今見之。子去矣。吾不忍食之。於是得全。後漢書

孝經傳說圖解

毛義捧檄

雲豫堂

新安張德捐刻　謹

廬江毛義。家貧。以孝行稱。張奉慕其名。往候之。而府檄適至。以義爲守令。義捧檄入。喜動顏色。奉心賤之。及義母死。服終。舉賢良。公車徵。不至。奉乃嘆曰。賢者不可測。昔日之喜。爲親也。後漢書

孝經傳說圖解

杜孝截筒

雲豫堂

新安張德楷刻　謹

杜孝。母喜食生魚。孝役於成都。截大竹筒。盛魚二尾。塞之以草。祝曰。我母得此。投于中流。婦出汲。乃見竹筒。横来觸岸。異而取視。見二魚。含笑曰。必我壻所寄。熟以進母。

蕭廣濟孝子傳

孝經傳說圖解

張敷畫扇

雲豫堂

嘉興宋芭洲捐刻

克

張敷生而母亡年数歲問知之雖童蒙便有感慕之色至十歲許求母遺物而散施已盡惟得一扇乃緘録之每至感思輒開笥流涕見從母悲感哽咽性整重風韻甚高好讀元言初父邵使與高士南陽宗少文談繫象往復数番少文每欲屈握麈尾歎曰我道東矣於是名價日重武帝聞其美名見奇之曰真千里駒也以為世子中軍参軍孝武即位詔旌其孝改其所居稱孝張里 南史

蕭彪屏風

杜陵蕭彪。為巴郡太守。以父老歸。供養。父有客。常立屏風後。自應使命。蕭氏家語

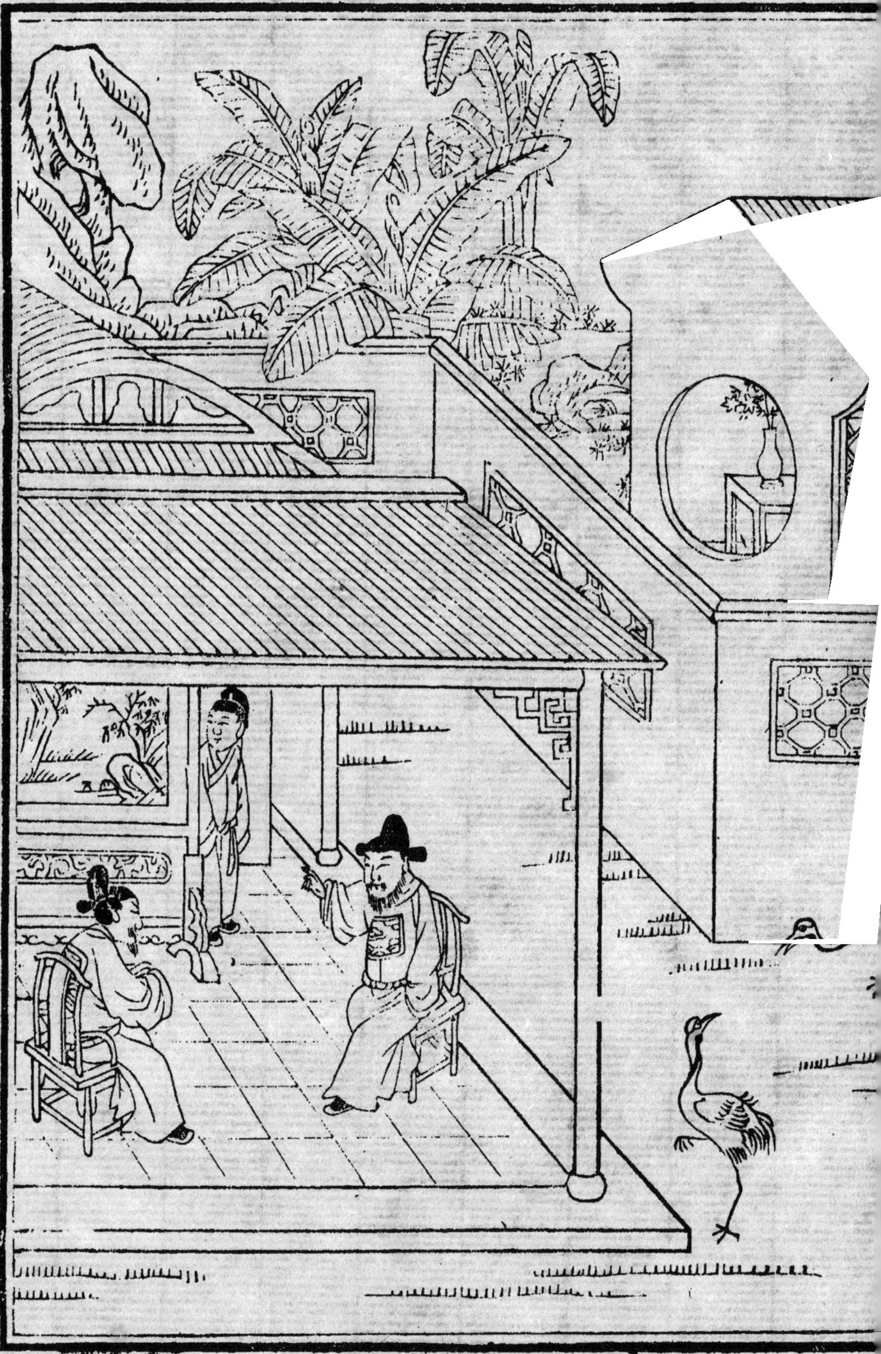

嘉興施性良捐刻

孝經傳說圖解　邦奇還券　雲豫堂

嘉興胡燏指刻　延

洞雲張翁。文定公之父也。公為學憲時。廳事僅二楹。上官過訪。頗不便。旁一楹其叔居也。適叔有宿逋。願售。公倍價買之。將重搆焉。告於翁。翁悅甚。已忽潸然淚下。公訝問故。翁嘆曰。吾想至日拆彼屋。以豎我柱。使其夫婦何以為情。公惻然曰。大人寬心。兒當還之。遽抽身取券。翁曰。吾計其銀已隨手償人去矣。將若之何。公曰。併其價不取可也。翁乃欣然曰。若然慰我甚矣。翁之孝友仁慈。倫載傳誌。此特其遺事一節耳。宜其篤生文定。為一代名臣也。文定。名邦奇。

習是編

孝經傳說圖解

盡言遺丹

雲豫堂

嘉興胡焴捐刻　延

宋任盡言事母孝。母老多病。未嘗離左右、每自言其母得病之由。或以飲食。或以燥濕。或以憂喜。皆朝夕候之。臟腑虛實如見。不待切脉而後知也。故投藥必效。張魏公欲辟之。辭。曰。盡言方養親。使得一神丹。可以長年。必將以遺老母。不以獻公也。況能舍溫凊而與公軍事耶。魏公歎息而許之。

習是編

孝經傳說圖解

顧歡驅雀

雲豫堂

顧歡。字景怡。吳興鹽官人也。父並爲農夫。歡獨好學。年六七歲。父使田間驅雀。作黃雀賦而歸。鄉中有學舍。歡貧無以受業。于壁後倚聽。無遺忘者。夕則然松節讀書。或然糠自照。早孤。讀詩至哀哀父母。執書慟泣。晚節服食。不與人通。好黃老。通解陰陽書。爲術數多効驗。有病邪者問歡。歡曰。家有何書。荅曰。惟有孝經而已。歡曰。可取仲尼居置病人枕邊。恭敬之。自差也。後病者果愈。人問其故。荅曰。善禳惡。正勝邪。此病者所以差也。南史

嘉興金蔆捐刻

孝經傳說圖解

仇覽棲鸞

雲豫堂

嘉興金護捐刻

仇覽。字季智。一名香。陳留考城人也。少為諸生。淳默。鄉里無知者。年四十。縣名補吏。選為蒲亭長。勸人生業。為制科令。期年稱大化。覽初到。亭人有陳元者。獨與母居。而母詣覽告元不孝。覽驚曰。吾近日過舍。廬落整頓。耕耘以時。此非惡人。當是教化未及至耳。母守寡養孤。苦身投老。奈何肆忿於一朝。欲致子以不義乎。母聞感悔。涕泣而去。覽乃親到元家。與其母子飲。因為陳人倫孝友。譬以禍福之言。元卒成孝子。鄉邑為之諺曰。父母何在在我庭。化我鴟梟哺所生。時

成

考城令河南王渙政尚嚴猛聞覽以德化人署為主簿。謂曰。主簿聞陳元之過。不罪而化。之得無少鷹鸇之志耶。覽曰。以為鷹鸇。不若鸞鳳。渙謝遣曰。枳棘非鸞鳳所棲。百里豈大賢之路。今日太學。曳長裾。飛名譽。皆主簿後耳。以一月奉為資。勉卒景行。覽雖在晏居。必以禮自整。妻子有過。輒免冠自責。妻子庭謝。候覽冠。乃敢升堂。家人莫見喜怒聲色之異。後漢書

孝經傳說圖解

敬臣志學

雲豫堂

嘉興吳泰捐刻　恒

任敬臣。字希古。棣州人。五歲喪母。哀毀天至。七歲。問父英曰。若何可以報母。英曰。揚名顯親可也。乃刻志從學。十六。刺史崔樞。欲舉秀才。自以學未廣。遯去。又三年卒業。舉孝廉。授著作局正字。父亡。數殞絕。繼母曰。而不勝喪。謂孝可乎。敬臣更進饘粥。服除。遷祕書郎。休浴闔門。誦書監虞世南罷其人。歲終。書上考。固辭。名為宏文館學士。俄授越王府西閣祭酒。當代王再表留。進朝請郎。舉制科。擢許王文學。復為宏文館學士。終太子舍人。唐書

孝經傳說圖解

時雍分餐

雲豫堂

嘉興吳泰捐刻　恒

睦時雍。淳安人。幼孤貧。與兄力樵以養母。稍長。補郡學生。念母兄食不給。語掌膳者曰。吾日飯勿盡炊。願輟一膳遺母。自以一膳分爲晨午二餐。後宣和三年。進士第。中博學宏詞科。歷秘書丞。知建昌軍。請以恩官其兄子。浙江通志

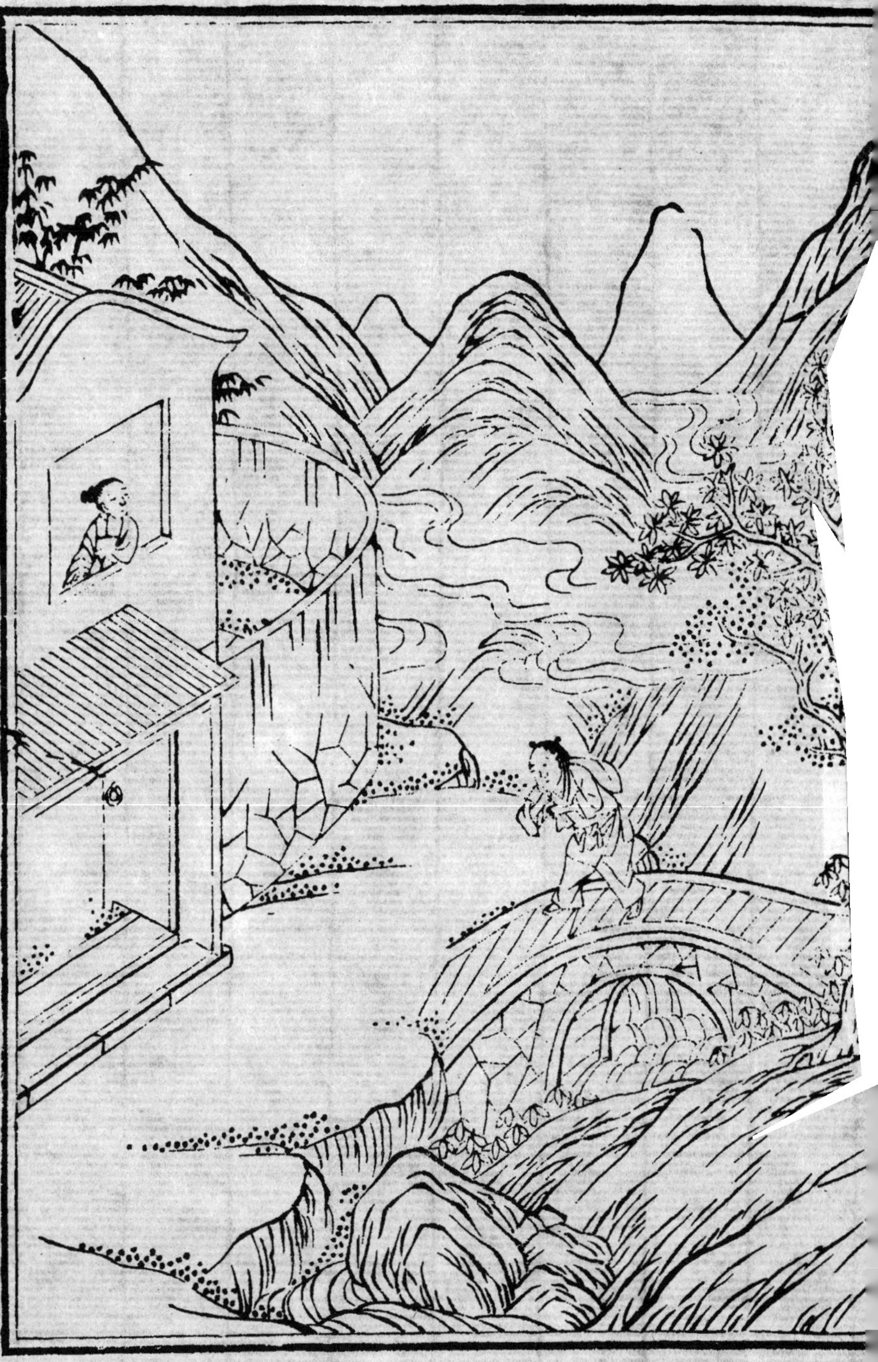

孝經傳說圖解　季路負米　雲豫堂

嘉興沈名詩捐刻　詩

子路問於孔子曰。昔者由也事二親之時。常食藜藿之食。為親負米百里之外。親歿之後。南遊於楚。從車百乘。積粟萬鍾。累茵而坐。列鼎而食。願欲食藜藿。為親負米。不可復得也。枯魚銜索。幾何不蠹。二親之壽。忽若過隙。孔子曰。由也事親。可謂生事盡力。死事盡思也。家語

孝經傳說圖解

閔子衣單

雲豫堂

嘉興沈名詩捐刻　　詩

閔子騫。早喪母。為後母所苦。冬月以蘆花衣之。其所生二子。則衣之以綿。父令閔子御車。體寒失靷。父責之。閔子不自理。父察知之。歸謂婦曰。我所以娶汝。乃為我子。今汝欺我。去無留。子騫前曰。母在一子寒。母去三子單。其父默然。故曰孝哉閔子騫。一言其母還。再言三子溫。說苑